MIALARET, Médecin-major de 2e classe

DE

L'EXPERTISE DE LA VIANDE

DANS LES CORPS DE TROUPE

PAR LE MÉDECIN MILITAIRE

PARIS

Henri CHARLES-LAVAUZELLE

Éditeur militaire

10, Rue Danton, Boulevard Saint-Germain, 118

(MÊME MAISON A LIMOGES)

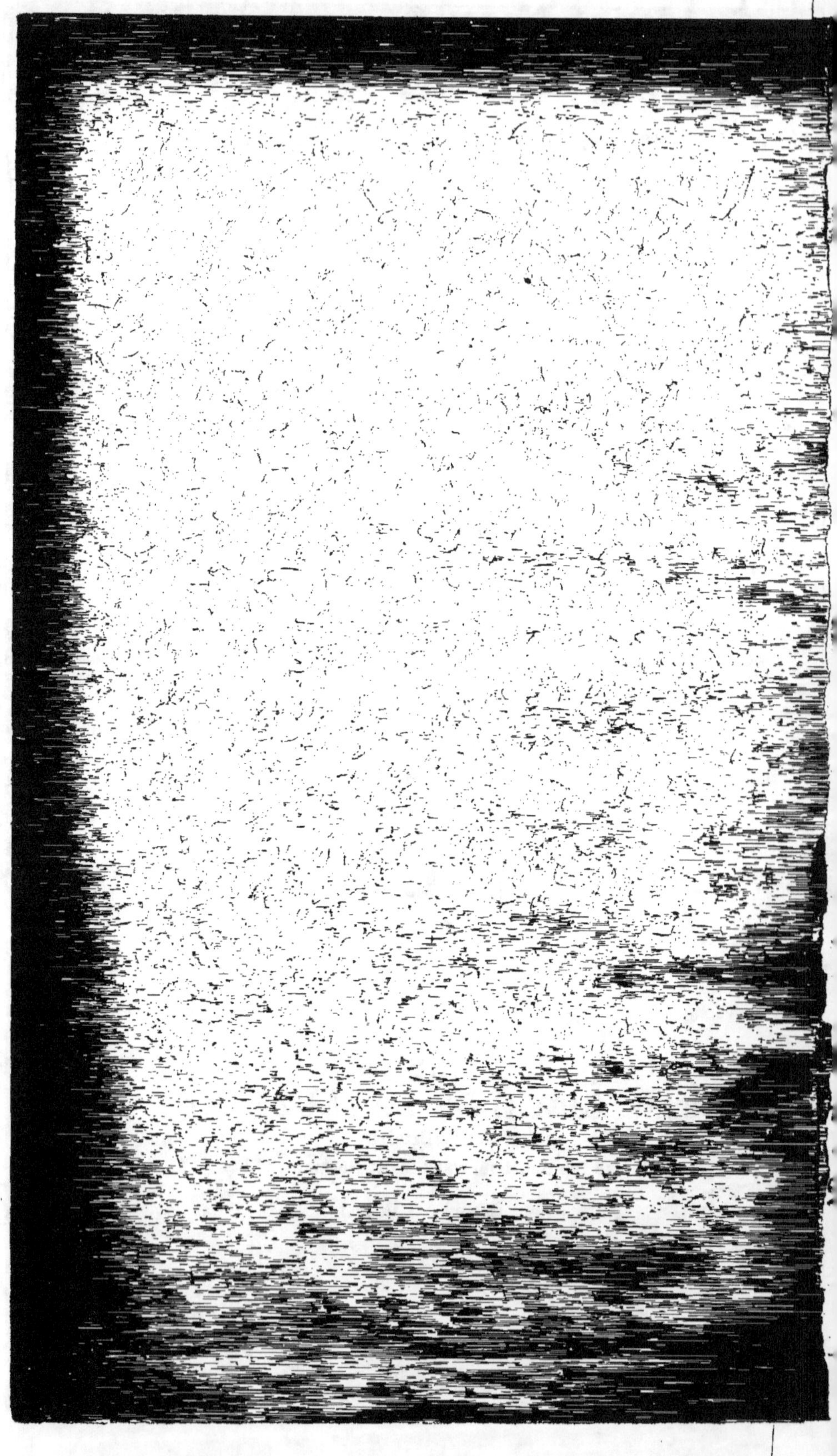

DE L'EXPERTISE DE LA VIANDE

DANS LES CORPS DE TROUPE

MIALARET, Médecin-major de 2e classe

DE

L'EXPERTISE DE LA VIANDE

DANS LES CORPS DE TROUPE

PAR LE MÉDECIN MILITAIRE

PARIS

HENRI CHARLES-LAVAUZELLE

Éditeur militaire

10, Rue Danton, Boulevard Saint-Germain, 118

(MÊME MAISON A LIMOGES)

INTRODUCTION

D'après le règlement du 29 juillet 1899 sur la gestion des ordinaires de la troupe, une commission des ordinaires est constituée dans chaque corps de troupe. Elle est nommée par le chef de corps et composée comme il suit dans un régiment d'infanterie :

Un chef de bataillon, *président;*

Quatre capitaines, *membres;*

Un lieutenant ou sous-lieutenant, *secrétaire,* secondé par un sous-officier.

Le médecin-chef de service du corps fait partie de la commission avec voix consultative.

L'instruction du 4 décembre 1894 sur le contrôle et l'inspection de la viande destinée aux troupes dit que : « lorsque l'importance de la fourniture comporte la livraison de bêtes entières ou de quartiers entiers, il est organisé un service de contrôle et d'inspection chargé de la reconnaissance et de l'examen des animaux sur pied et abattus ».

Ce service confié à un médecin militaire pour les régiments d'infanterie est assuré par lui à l'intérieur de la caserne.

Cette même instruction prescrit l'estampillage de la viande abattue.

Les quartiers de viande ou les demi-bêtes provenant des animaux reconnus, après abat, définitivement propres à la consommation, sont estampillés à l'aide d'un timbre humide, en deux endroits au moins, dont un proche du point habituellement usité pour placer le crochet de suspension.

Il en sera de même pour les quartiers de viande ou les demi-bêtes examinés dans les casernes ou quartiers, lorsque cet examen n'a pas lieu à l'abattoir.

« Tout quartier de viande ou toute demi-bête non revêtu, d'une façon très apparente de l'estampillage d'admission devra être rigoureusement refusé. Il en sera de même si la date remonte à plus de trois jours, en hiver; et plus de deux jours, en été. »

A l'École d'application du service de santé du Val-de-Grâce, les médecins aide-majors stagiaires suivent un cours d'hygiène, où leur sont donnés les premiers éléments de l'expertise de la viande.

Après l'enseignement théorique vient l'enseignement pratique qui consiste en des conférences faites par le professeur d'hygiène autour des paniers remplis soit de viandes saines, soit de viandes saisies aux halles.

J'avoue qu'à ma sortie du Val-de-Grâce, malgré cet enseignement complet, j'ai été bien souvent embarrassé pour faire l'expertise de demi-bêtes présentées à mon examen.

La visite des viandes à l'abattoir par le vétérinaire inspecteur est très profitable pour un jeune médecin militaire parce qu'elle lui fait connaître rapidement les caractères différentiels des viandes abattues. Il n'aura pas certainement l'expérience des gens de métier, mais les fournisseurs complèteront eux-mêmes ces premiers éléments, s'il est sévère, méfiant.

Sans doute le fournisseur peut se tromper, mais il peut aussi ne pas être de bonne foi. Il essaiera certainement de tromper le médecin : il voudra lui prouver que telle viande maigre est de 2° qualité. Si le médecin retient bien les roueries qui se tissent autour de lui, il apprendra à reconnaître avec l'aide inconscient du boucher l'âge approximatif d'une bête; les différents endroits où il faut rechercher la graisse; la différenciation du mâle et de la femelle, etc., etc.

Et plus tard, quand ce dernier voudra lui apporter de la mauvaise viande, il pourra faire l'expertise des quartiers en lui montrant tel ou tel défaut de l'animal caché par la « préparation » de la viande.

Il pourra ainsi prouver à un boucher que le gras d'une bête étique bien présentée n'est dû qu'à un soufflage extrême distendant tout le tissu cellulaire et disparaissant bientôt, comme le vent qui gonfle la trame de ce tissu.

Il ne prendra plus pour un bœuf une génisse dont la jeune glande mammaire a été découpée par de fines incisions quadrillées, lui donnant l'aspect mamelonné de la graisse de la région inguinale du mâle.

Je me propose dans cette étude, non pas de faire preuve d'érudition, car je n'invente rien; mais d'examiner la viande abattue méthodiquement : voulant ne rien laisser passer qui puisse m'éclairer, soit sur le sexe, soit sur l'âge, soit sur la qualité de la viande.

Nous ne sommes plus aux temps où l'homme mangeait une viande spéciale dite « viande à soldat ». Les bêtes qui fournissaient cette chair étaient de vieilles vaches usées, étiques, qui auraient du être enterrées. Les bouchers ne peuvent pas encore se faire à l'idée que ces animaux mourants ne sont plus consommés dans les casernes, et le prouvent en demandant l'adjudication de la fourniture de viande à un prix dérisoire comme bon marché.

C'est au médecin militaire à éloigner ces charognes (seul mot français qualifiant ces viandes) de la nourriture des soldats.

Je crois qu'il faut pour cela une certaine méthode

dans l'expertise, car une viande peut paraître de bonne qualité si on l'examine superficiellement, et être reconnue ensuite de qualité inférieure pour tel ou tel caractère.

Pour n'en citer qu'un exemple, les « sucriers » sont de grands bœufs blancs, nourris avec les pulpes de betteraves et les résidus de sucreries. Les quartiers sont volumineux; la graisse est abondante, bien que molle. A un examen peu attentif, on croirait accepter de belle et bonne viande, et pourtant, elle est de qualité inférieure. L'examen rigoureux par la vue, l'incision et le toucher, l'odorat le prouvent.

Pour moi, le médecin militaire doit :

I. — Savoir si c'est un bœuf ou une vache qui est présenté à son examen ;

II. — Pouvoir distinguer l'âge approximatif de la bête abattue;

III. — Savoir si les quartiers qui lui sont présentés remplissent comme qualités celles exigées par le cahier des charges du régiment.

Il doit en être de même pour les autres animaux, veaux, porcs, moutons, dont la chair entre de temps à autre dans l'alimentation variée du soldat;

IV. — Il doit connaître les viandes de qualités secondaires; chercher la tuberculose animale;

V. — Avoir conscience du rôle important qu'il a auprès de la commission des ordinaires d'un régiment

DE L'EXPERTISE DE LA VIANDE

DANS LES CORPS DE TROUPE

—————

I

Est-ce un bœuf ou une vache ?

Pour amener la viande à la caserne le boucher doit avoir une voiture ayant des crochets de suspension pour les quartiers. Bien souvent la viande est exposée à plat sur une voiture. L'examen est alors difficile, car on ne peut visiter les quartiers entièrement; on ne peut les retourner sur l'une ou l'autre face. Les bouchers cachent ainsi, bien souvent, soit des ecchymoses volumineuses, soit des abcès.

Les quartiers étant suspendus, l'œil du médecin chargé d'inspecter la viande doit se promener de haut en bas sur le quartier.

Bœuf

Le bœuf a l'os de la jambe gros; le tendon correspondant au tendon d'Achille de l'homme, par lequel est suspendu le quartier, est épais et court.

Au niveau du bassin, l'examinateur regarde le bord

de la symphise pubienne appelé « quasi » en terme de boucherie. Chez le bœuf cette partie est ovale, presque ronde. La section de l'os iliaque est épaisse, contrairement à ce qu'on remarque souvent chez la vache.

En arrière de cet os est le corps caverneux, le «nerf» sectionné, ayant la dimension d'une pièce de cinquante centimes.

En avant, la région inguinale au niveau du scrotum présente un amas de graisse frisée, ondulée, onctueuse au toucher : c'est le « dessous » du bœuf.

L'examen de ce quartier n'est pas terminé : le médecin doit examiner sa face postérieure en le faisant décrocher par le boucher et retourner. Les muscles de la cuisse apparaissent légèrement en relief. Les muscles lombaires sont développés, ne forment pas un creux comme chez la vache.

Passons au quartier antérieur, suspendu l'épaule regardant en avant.

L'épaule n'est pas plate comme chez la vache; les muscles sus et sous-épineux sont développés. Les muscles du collier offrent un relief qui fait distinguer facilement le bœuf de la vache, car cette dernière a l'encolure grêle.

En faisant tourner le quartier autour du crochet de suspension, l'examinateur peut voir que les côtes sont légèrement courbées. Elles forment une poitrine moins vaste que celle de la vache. De plus les os sont arrondis, épais, d'un blanc jaunâtre.

Vache

A l'examen du quartier postérieur, on remarque que l'os de la jambe est plus grêle que celui du bœuf.

Le bassin est large. L'extrémité antérieure du quasi est moins ovale que chez le bœuf. La section de l'os est moins épaisse; quelquefois elle n'a pas l'épaisseur d'un centimètre.

En arrière du quasi on ne remarque pas la section du « nerf » du bœuf.

Au niveau de la région inguinale est une dépression marquée, due à l'enlèvement des mamelles. Autour de cette excavation est une graisse lisse ne ressemblant en rien à celle que présente le mâle au niveau du « dessous du bœuf ».

La génisse a les mamelles peu développées. Les glandes sont plongées au milieu d'une graisse fine, et à la section on remarque peu de différence comme couleur entre le tissu glandulaire et le tissu graisseux. Les bouchers trompent leurs clients en y faisant pendant le dépeçage de multiples incisions croisées. Ils obtiennent ainsi un amas de graisse frisée, ressemblant à la graisse des dessous de bœuf.

Les muscles lombaires sont peu développés : l'échine forme un creux.

A première vue, les épaules sont peu musclées et plates; l'encolure est grêle, mince.

En faisant tourner le quartier autour du crochet de suspension, on s'aperçoit que la poitrine est bombée. Ce fait est dû à la courbure des os des côtes plus grande chez la vache que chez le bœuf. Ces os sont plus larges, plus plats que chez le mâle.

Les gens de métier, vétérinaires-inspecteurs, bouchers, etc, peuvent différencier la viande de bœuf de celle de la vache par la palpation du grain de la viande. Ils passent le doigt sur la coupe transversale d'un muscle, et constatent que le grain est plus fin chez la vache que chez le bœuf.

Je ne suis pas assez connaisseur pour établir ce caractère; je me contente de différencier la viande de bœuf de la viande de vache par les caractères énoncés plus hauts. J'en ajouterai un qui ne m'a jamais trompé pour la viande fournie à la troupe.

Dans l'espèce bovine, la graisse est d'un blanc légèrement jaunâtre. Cette coloration jaune plus ou moins foncée peut venir, d'après les bouchers, soit de la race de l'animal, soit de l'élevage au pâturage.

En hiver, les animaux ne sont plus nourris au pâturage, la coloration de la graisse ne peut plus être jaune par conséquent. Le boucher peut me dire qu'une bête à graisse jaune est de telle ou telle race (normande ou nivernaise par exemple); mon diagnostic est facilement fait : « C'est une vache vieillie ou usée ». Je refuse la viande.

Est-ce un taureau ou un bœuf?

Les fournisseurs essaient quelquefois de remplacer la viande de bœuf par la viande de taureau. Ils ont tout avantage au point de vue pécuniaire.

D'après la notice du 4 décembre 1894, ils peuvent fournir du taureau qui n'a pas trois ans et qui n'a jamais sailli. Jamais ils ne tuent un animal ayant rempli les conditions exigées par le règlement. Les taureaux qu'ils sacrifient sont des bêtes usées par les saillies répétées et vendues à bas prix par leurs propriétaires. Les fournisseurs les mettent au repos pendant quelque temps, leur donnent une nourriture spéciale destinée à leur donner la graisse dont elles manquent, et les offrent comme bœufs.

Le médecin doit être en garde contre de pareilles supercheries. Cette viande peut être estampillée comme saine par le vétérinaire inspecteur de l'abattoir, mais elle ne remplit pas les conditions du cahier des charges du régiment et doit être refusée. La viande des taureaux employés à la reproduction est échauffante, presque malsaine.

A l'examen d'un quartier de derrière suspendu au crochet de la voiture à viande, le médecin, dont le regard se promène de haut en bas, examinera l'os de la jambe qui est très gros chez le taureau. La cuisse lui paraîtra très volumineuse, rebondie à la face interne.

Le quasi aura le même aspect que celui du bœuf, mais en arrière l'examinateur verra un « nerf » dont la section a deux fois le diamètre de celle du corps caverneux d'un bœuf.

En avant du quasi, dans la région inguinale il ne trouvera pas d'amas de graisse frisée : « dessous de bœuf ».

Qu'il fasse retourner le même quartier, il verra une cuisse aux muscles saillants, rebondis, séparés nettement l'un de l'autre par les aponévroses intermusculaires.

L'aponévrose superficielle qui recouvre ces muscles a un reflet bleuâtre, qui devient nacré quand elle est épaisse.

A l'examen du quartier antérieur, le médecin remarquera de suite le développement énorme des muscles du cou et de l'épaule. Il suffit de voir une fois l'encolure d'un taureau pour ne jamais être trompé.

Le taureau n'a pas de graisse de couverture. En sectionnant transversalement un muscle, le grain de la viande est grossier et rugueux au doigt. Cette section est sèche au toucher, parce que la viande de taureau n'est pas persillée de graisse.

A l'odorat, la viande possède une odeur spermatique, très prononcée quand l'animal sert à la reproduction.

II

De l'âge de l'animal

Les quatre quartiers d'un bovidé sont présentés suspendus; comment le médecin reconnaîtra-t-il approximativement si l'animal est jeune ou vieux?

Il faut noter que la tête n'est pas adhérente aux quartiers antérieurs, et que, par conséquent, l'examinateur ne pourra savoir l'âge, ni d'après les dents, ni d'après les cornes.

Le bœuf châtré jeune, engraissé et n'ayant pas travaillé, fournit de 4 à 8 ans la viande de qualité supérieure. La vache au dessous de 6 ans fournit aussi, quand elle est engraissée, une viande de bonne qualité.

Tout d'abord, le médecin regardera le quasi : les bords de la symphise pubienne sont recouverts d'une couche de cartilage nacré dont l'épaisseur atteint trois millimètres. Jusqu'à 6 ou 7 ans chez le bœuf, les bouchers n'emploient que le couteau à lame courte pour séparer les deux surfaces articulaires pubiennes. Chez la vache, cette section ne peut se faire que jusqu'à 4 ans environ.

A partir de cet âge, il y a calcification et ossification au dépens du cartilage. Le couteau ne peut plus ouvrir la symphise pubienne, et le boucher doit employer la scie.

Les surfaces articulaires ne sont plus d'un blanc nacré, mais rougeâtres; au toucher elles donnent une sensation rugueuse, due à la section des os. Dans ce dernier cas, quand il s'agit d'un bœuf, l'examinateur peut déjà se dire : l'animal a au moins 8 ans.

Le médecin portera ensuite ses regards sur la section de la colonne vertébrale. Chez le veau, cette section, au niveau des corps vertébraux, est rougeâtre parce que l'os est très vascularisé. Cette vascularisation diminue peu à peu au fur et à mesure que l'animal devient âgé. L'os n'a plus la même porosité et la section devient plus ou moins blanchâtre.

De plus chez le bovidé jeune ou adulte l'ossification des disques intervertébraux n'est pas encore faite. Les ligaments affectent la forme d'une lentille biconvexe; ils présentent exactement la même configuration que les faces des corps vertébraux sur lesquelles ils s'appliquent et adhèrent à ces faces d'une façon intime.

Chez un animal jeune, sacrifié, et fendu en deux quartiers, l'inspecteur verra les disques faire saillie entre les vertèbres. Ils sont mous tout en étant très élastiques : leur couleur est nacrée. Quand le bovidé devient vieux, la portion centrale du disque durcit et devient assez dense. Il s'ensuit que le bourrelet qui sépare les vertèbres des quartiers examinés est moins prononcé.

L'émaciation musculaire est un signe de vieillesse : elle se manifeste principalement à la cuisse et à l'épaule. La cuisse est plate, sans saillie musculaire; l'examinateur a la sensation de l'atrophie sénile, de l'usure. Cependant les muscles peuvent être encore d'un beau rouge; la graisse être de couleur normale.

Chez l'animal âgé, la colonne vertébrale est en creux : ce signe a été remarqué par l'examinateur le moins attentif qui voit passer devant lui une vache aux os iliaques proéminents, saillants sous la peau, et surmontant une échine creuse.

Les bouchers ont l'habitude de souffler les bêtes étiques, vieilles. Ils changent ainsi la conformation des quartiers de viande; ils augmentent le volume de la cuisse, des aloyaux qui deviennent rebondis, voire même gras, en apparence. Le médecin devra toujours se méfier quand les quartiers de viande soufflés seront présentés à son examen. En appuyant sur la surface de la cuisse, par exemple, il reconnaîtra que le tissu cellulaire est distendu et donne à la main la sensation du parchemin.

La couleur jaune de la graisse chez une vache maigre doit être, pour le médecin, un signe certain de vieillesse. On peut rencontrer des bœufs, des vaches de première qualité qui ont une graisse fortement teintée en jaune. Cette coloration est remarquée chez les bovidés nourris à l'herbage (normands, nivernais). Je refuse cependant les vaches maigres à graisse jaune, rare, dure, parce qu'elles sont vieilles, et bien que le boucher m'affirme qu'elles sont normandes et sortent des pâturages. L'incision d'une telle viande est revêche, coriace et sans jus.

La jeune vache n'a pas de grosses mamelles, et l'excavation faite par le boucher, lors de leur enlèvement n'est pas très marquée; les glandes sont infiltrées d'une graisse très fine. Chez la vieille vache épuisée par la lactation, l'excavation faite en coupant les mamelles est très prononcée.

Je citerai encore un signe reconnu facilement en recherchant l'âge et tout en se rendant compte de l'engraissement. L'expert dira au boucher de « lever » l'épaule, c'est-à-dire séparer l'omoplate et les muscles adhérents de la paroi thoracique. Il examinera l'angle inférieur de l'omoplate qui, chez l'animal adulte mais jeune, est terminé par du cartilage. Si ce cartilage a été coupé facilement par le couteau du fournisseur, pendant la section des muscles, l'animal est jeune : si le boucher a dû le côtoyer, parce que le cartilage est ossifié et trop dur à la section, l'animal est déjà vieux.

Ces quelques signes pourront servir à l'examinateur; ils ne lui feront pas connaître l'âge d'un bovidé; mais ils permettront de diagnostisquer la vieillesse.

L'âge est indiqué plus sûrement par les dents incisives de la mâchoire inférieure et par les cornes. Je n'ai pas à décrire ces signes que l'on trouve dans les traités d'hygiène.

Bien de fois, j'ai demandé au fournisseur de laisser adhérente au collet la moitié d'une mâchoire inférieure. Ce moyen de contrôle n'est jamais donné par le boucher, sous prétexte que le quartier serait trop encombrant dans la voiture, ou que la tête de chaque bête abattue est attribuée au tripier, etc. Le cahier des charges du régiment devrait exiger ce moyen de vérification de l'âge des animaux livrés à la consommation.

III

La qualité de la viande répond-elle à celle exigée par le cahier des charges ?

A. — Abondance et aspect de la graisse

La graisse est en général accumulée en amas, sur certains points qui doivent attirer l'attention de l'examinateur.

La graisse externe, dite « de couverture », est répartie en couche assez épaisse à la surface des quartiers. Elle est répandue sur les épaules, sur les régions costales et dorsales.

A la naissance de la queue est un amas de graisse qui fournit aux acheteurs, quand l'animal est sur pied, des données assez précises sur l'abondance de la graisse extérieure.

La graisse de couverture doit être ferme vingt-quatre heures après l'abatage : elle doit être blanche ou légèrement jaunâtre. La disposition des amas de cette graisse excellente au goût, son épaisseur, sa fermeté, sont exigées pour une viande de première qualité.

Chez les sujets usés, fatigués ou vieux, cette graisse extérieure fait presque défaut. Les épaules et les côtes sont recouvertes d'une chair rouge; un léger dépôt en nappe de graisse jaune se remarque sur l'épaule. Il en sera de même sur le dos, les cuisses. Le médecin ne se laissera pas prendre au dire du boucher, prétextant que la vache est de race normande. Cette vache est vieille ou usée.

Graisse intérieure. — Elle sera recherchée :

1.° Dans le bassin ;

2° Au niveau des reins (rognons) ;

3° Au niveau de l'incision séparant les deux quartiers antérieurs des quartiers postérieurs ;

4° Entre les apophyses épineuses des vertèbres dorsales ;

5° Sur les plèvres costales ;

6° Au niveau de la région inguinale chez le bœuf.

Le bovidé jeune a peu de graisse intérieure : au fur et à mesure qu'il avance en âge, sa chair se pénètre naturellement de graisse. Un autre facteur intervient pour augmenter ces dépôts graisseux : c'est l'engraissement.

Quand un bœuf est fatigué par le travail, le cultivateur le met à l'engrais. Dès lors, il ne tire plus de charrues ou de lourds chariots; il est en stabulation permanente. La nourriture se compose soit de tourteaux, de son, de drèches ayant servi à la fabrication de la bière, soit même de résidus de caserne.

La vache usée par le rendement de lait et la lactation (Normandie), ou celle qui est trop vieille pour pouvoir reproduire; enfin celle, même jeune, jugée stérile après de nombreuses saillies improductives, est soumise à l'engraissement progressif.

Ce sont ces animaux qui sont abattus pour les régiments.

Le cultivateur ne vend pas, à moins d'être forcé par la pénurie de fourrage, une vache qui lui donne du lait et donne naissance tous les ans à un veau. Il ne la vend que lorsqu'elle est vieille. Il en est de même de ses bœufs qui lui servent au labour.

Si le paysan s'occupe d'élevage, ses bêtes grasses sont vendues au marché de la Villette. Les fournisseurs des régiments achètent à ce marché; mais ce ne sont pas des bovidés engraissés progressivement dans un éternel « far niente » n'ayant jamais connu le joug, ni le dur labeur.

La « viande à soldat », selon leur langage, est celle des animaux soit usés par le travail, soit par la reproduction et la lactation, et ensuite engraissés systématiquement pour la vente.

1° Dans le bassin

La graisse, chez un bovidé, garnit tout le bassin : elle est très abondante quand l'animal est très gras. Ce suif forme alors une épaisse couche agglomérée, mamelonnée, d'un blanc jaunâtre; il est très adhérent, après le sacrifice, aux tissus sous-jacents.

Chez le bovidé usé ou vieux, le suif ne comble plus le bassin : il ne forme plus qu'une nappe mince, non mamelonnée, de couleur jaune. Un coup de couteau incisant cette couche de graisse laisse la main pénétrer au dessous d'elle et constater sa mince épaisseur. Cette main sent aussi que ce suif n'est plus adhérent aux tissus sous-jacents : elle le décolle et l'isole facilement.

Quelquefois, la main peut soulever facilement cette masse de suif et il semble qu'elle flotte sur des tissus mous, semi-liquides. L'incision montre, en effet, qu'elle surnage au-dessus de parties cellulaires sanguinolentes. Ce sérum extravasé est dû à la fracture du bassin pendant que l'animal tombe assommé par la massue de l'équarrisseur : il ne faudrait pas confondre cette hémorragie naturelle avec celles que pourrait engendrer une autre maladie (accouchement laborieux par exemple).

2° Autour des rognons

Chez le bovidé engraissé, le suif s'accumule principalement autour des rognons qu'il cache en entier.

Autour du rein droit, la graisse forme une pelote énorme de graisse lisse; le rein gauche disparaît au contraire sous une couche de suif, mamelonné et ondulé.

Le couteau arrive difficilement jusqu'à l'organe rénal en traversant un amas de graisse ferme, onctueuse. On a peine à écarter les deux lèvres de l'incision pour apercevoir la section du rein.

Chez l'animal maigre ou usé, le mince dépôt graisseux du bassin semble couler jusqu'au rognon qu'il ne peut couvrir, ni englober. Le couteau (instrument détesté des fournisseurs) montre encore au médecin le peu d'épaisseur de ce suif; et, à travers l'incision, l'examinateur aperçoit un maigre filet appliqué contre la colonne vertébrale. Il peut aussi facilement vérifier l'état du rein.

Il faut ajouter que chez de tels animaux la graisse est de couleur jaune-safran.

3° Au niveau de l'incision des muscles vertébraux : le persillé.

Les marbrures blanches qui sillonnent la coupe des muscles sont un signe d'engraissement du bovidé. Il faut savoir que ces îlots de graisse se remarquent moins chez l'animal jeune que chez l'adulte. La viande d'une vache de 10 ans engraissée, sera plus persillée que celle d'une génisse.

Chez les bœufs normands, qui vivent dans les pâturages, le persillé est moins abondant que chez ceux de race charolaise, dont l'engraissement se fait à l'étable.

4° Entre les apophyses des vertèbres dorsales

Les apophyses épineuses des vertèbres dorsales du bœuf sont très longues. L'examinateur remarquera entre elles un bourrelet saillant de graisse jaunâtre, ferme au toucher. Ce bourrelet est moins saillant chez l'animal maigre. La main le déprime facilement.

5° Sur les plèvres costales

Quand l'animal est très gras, la graisse intérieure se manifeste par des rides ondulées sur la plèvre pariétale. Ce fait est assez rare, et un bœuf peut être de première qualité sans qu'on remarque de graisse en cet endroit.

6° Au niveau de la région inguinale chez le bœuf

Cette graisse mamelonnée est appelée « dessous de bœuf »; elle correspond au scrotum de l'animal sur pied; maniement que les bouchers palpent toujours avant l'achat, pour savoir apprécier la graisse intérieure.

B. — Le volume des muscles

Le médecin examinera le volume des muscles aussi bien au point de vue de l'âge qu'au point de vue du rendement de la viande. Quand l'animal est vieux ou usé, les fesses et les épaules sont aplaties et dénotent la déchéance organique.

Le bœuf et la vache de 5 à 8 ans ont la cuisse rebondie, bien en chair. Le taureau a les muscles très en relief et comme détachés.

Certains bœufs appelés « sucriers » par les bouchers

peuvent être jeunes et cependant ne pas paraître bien en chair. Ces bœufs, élevés en général dans les départements de l'Oise, de l'Aisne, etc., sont nourris avec les résidus des sucreries, les pulpes de betteraves. Ce sont des animaux à pelage blanc, très hauts de taille.

Les quartiers postérieurs de ces bovidés abattus sont aplatis, peu en chair : la graisse est peu ferme. Leur chair est peu estimée et a un goût particulier.

J'ai déjà noté que, pour cacher l'émaciation musculaire sénile, les bouchers soufflaient les animaux étiques. Le médecin se méfiera donc des quartiers à tissu cellulaire distendu, craquant sous le doigt comme du parchemin.

L'air insufflé pour augmenter le volume de certaines régions nuit à la conservation de la viande, surtout en été.

C. — L'âge

Le règlement du 29 juillet 1899 déclare que le bœuf et la vache pourraient être acceptés jusqu'à l'âge de 10 ans. D'après Arnoult, les mâles châtrés dans leur jeune âge et n'ayant pas plus de 4 à 8 ans, systématiquement engraissés, fournissent la viande de qualité supérieure. La vache jeune (au-dessous de 5 ans) et engraissée au préalable, donne une viande tendre, encore très estimable ».

Une vache qui a été gardée par son propriétaire jusqu'à 10 ans et vendue à cet âge est une vache qui ne peut plus reproduire ou ne donne plus assez de lait. Un tel animal, engraissé pour la vente, donne une chair dure et coriace.

D. — Intégrité des séreuses

Chez l'animal sain, les séreuses, plèvres et péritoine sont transparents, lisses et ne cachent pas la couleur des muscles intercostaux ou abdominaux. Quand ils sont arrachés, c'est que le fournisseur a voulu faire disparaître les traces d'un état maladif. D'autres fois, le boucher essuie et gratte la plèvre pariétale, enlevant ainsi de fausses membranes, molles, semi-liquides, adhérentes. La plèvre est alors terne, sans brillant.

L'attention du médecin militaire doit se porter sur ces séreuses; et il doit exiger qu'une partie du diaphragme reste adhérente à la paroi thoracique. Il cherchera avec soin si de petits tubercules ne sont pas incrustés sur les plèvres et principalement sur la partie charnue du diaphragme.

II. — CARACTÈRES D'UNE BONNE VIANDE.

A l'incision et au toucher.

A. — Coloration et consistance.

Chez un bœuf adulte récemment abattu, les muscles ont, à l'incision, une coloration violacée qui après raffermissement et par oxydation devient rouge vif. Plus tard, cette coloration diminue de vivacité, se ternit et devient rouge brun. La viande de vache est un peu plus pâle; mais cette différence de coloration ne peut être appréciée que par les gens du métier. Chez le taureau, la chair a une couleur rouge noir.

La viande de mauvaise qualité a une coloration rouge pâle, saumonée. Dans les maladies fiévreuses les muscles ont une teinte gris rougeâtre. La section oblique des faisceaux musculaires montre de petites surfaces mates, contrastant singulièrement avec l'aspect brillant de ces fibres, sectionnées quand le bovidé est sain.

Chez l'animal en bonne santé, on ne doit apercevoir à l'incision d'un quartier ni ecchymoses, ni infiltrations sanguines ou séreuses. L'infiltration interfibrillaire des muscles est un caractère des viandes fiévreuses. Toutefois, il ne faudrait pas rejeter, sans examen attentif, une viande présentant une ecchymose des muscles fessiers, ou une infiltration séro-sanguinolente siégeant au-dessous des muscles peauciers. Bien souvent ces ecchymoses sont dues soit à la chute de l'animal recevant le coup de massue qui l'abat, soit aux meurtrissures provenant des chocs en wagon, soit aux coups des conducteurs. On enlève celles-ci avec le couteau sur la partie atteinte : le reste de la viande peut être bon.

J'ai déjà dit que sous le suif du bassin on trouvait souvent une ecchymose énorme due à la fracture des os du bassin, pendant l'abat.

La chair d'un animal fraîchement abattu est molle. Environ douze heures après le sacrifice, la chair se raffermit. Elle perd par ressuage une partie de son poids; c'est ainsi qu'un bœuf de 300 kilogs perd 5 kilogs, vingt-quatre heures après l'abatage. Le froid renforce la fermeté de la viande; l'humidité la diminue.

Après cuisson la viande « chaude » résiste sous la dent; la viande de vingt-quatre heures est appétissante, tendre.

Il est d'usage que les fournisseurs forcent le poids quand ils vendent de la viande fraîchement abattue, parce que celle-ci est plus lourde : l'évaporation n'ayant pas encore eu le temps de s'effectuer.

Le médecin militaire devra toujours se défier d'une viande qui, provenant d'un animal abattu la veille, lui est présentée le lendemain matin dans cet état de mollesse caractérisant la viande pantelante, et n'est pas rassise. Dans ce cas, l'animal a été sacrifié en état de maladie.

La chair des animaux étiques est soufflée par les fournisseurs : la sensation de parchemin que donnera au toucher le tissu cellulaire distendu mettra en éveil l'attention de l'examinateur.

Chez les sujets trop jeunes, la viande a une consistance gélatineuse, gluante; sa coloration est rose pâle.

Quand les bovidés ont été fatigués, surmenés, la fièvre donne à leur chair une coloration brun foncé : les produits de désassimilation qu'elle contient la rendent collante aux doigts.

Le médecin militaire n'a jamais à constater ces caractères de viande malsaine, parce que la viande présentée à son examen a déjà été contrôlée par le vétérinaire-inspecteur de l'abattoir.

B. — Grain et jus de la viande.

Le grain est constitué par les sections des faisceaux musculaires; ce sont de petits cubes en mosaïques qui sont plus ou moins volumineux; plus ou moins saillants suivant le sexe du bovidé.

Chez le taureau, la coupe de la viande est résistante; le grain est grossier. La chair de bœuf a une coupe facile et le grain fin; la coupe de la viande de vache est plus résistante et le grain moins fin que celle des muscles du bœuf.

Le médecin militaire devra laisser ces caractères aux connaisseurs : car il en possède d'autres différentiels entre les viandes du bœuf et de la vache de bonne qualité.

Il saura toutefois reconnaître que la viande de bonne qualité se coupe facilement, tandis que l'incision de la chair d'un bovidé vieux ou usé est revêche et coriace.

La graisse s'infiltrant à travers les faisceaux musculaires rend le grain moins grossier et plus onctueux au toucher. A l'incision d'une bonne viande, un jus rouge légèrement acide suinte : la pression en augmente la quantité. C'est lui qui rend l'entrecôte du bœuf si savoureuse.

Chez les bœufs « sucriers » nourris avec des pulpes de betteraves, ce suc musculaire est abondant. Au lieu de suinter peu d'instants après la section de la chair, il coule abondamment soit à terre soit sur l'étal du boucher. La viande se « vide » en terme de boucherie.

Le jus fait défaut dans la chair du bovidé jeune et la rend sèche au toucher sans saveur au goût.

Quand l'animal est sacrifié en état de maladie, le suc musculaire est en plus grande abondance; il coule à terre à la moindre incision; il est pâle et présente souvent une réaction légèrement alcaline. (Règlement sur la gestion des ordinaires, 29 juillet 1899).

C. — Graisse et persillé.

Chez le bœuf, la graisse intérieure a, à l'incision, une coloration blanche ou jaunâtre; elle est ferme au toucher. La graisse de la vache est plus jaunâtre et n'est pas aussi ferme.

Chez le taureau, la graisse de couverture manque : elle est remplacée par un tissu blanc nacré. La graisse intérieure est très blanche à l'incision.

La section de la viande permet au médecin d'apprécier la répartition de la graisse à travers les muscles.

Il devra se rappeler que l'appréciation de la qualité est chose complexe et repose sur un ensemble de conditions, et non sur un seul caractère. C'est ainsi que l'engraissement ne devra pas seul constituer la première qualité. Le persillé que l'on a l'habitude de toujours rechercher et qui caractérise l'agglomération de la graisse autour des fibres musculaires manque chez les bœufs manceaux ou normands de première qualité élevés dans les pâturages. Il est plus abondant au contraire chez les bovidés engraissés à l'étable.

Où le médecin appréciera-t-il le persillé?

D'abord au niveau de la section séparant les quartiers antérieurs des quartiers postérieurs. Son couteau pourra ensuite sectionner les muscles prévertébraux vingt centimètres en avant en se rapprochant de l'angle inférieur de l'omoplate : il constatera que le persillé est de plus en plus abondant au fur à mesure qu'on incise plus près du scapulum.

La section transversale de l'attache supérieure du grand dentelé de l'épaule est le meilleur signe d'appréciation de l'abondance du persillé.

Enfin, le médecin « lèvera » l'épaule de l'animal. Une longue incision partant le long du bord axillaire de l'omoplate contournera son angle inférieur en coupant le cartilage qui le termine. Il arrivera ainsi à détacher le scapulum qui ne sera plus adhérent à la paroi thoracique que par son bord interne. Au milieu de ce tissu cellulaire qui sépare le muscle sous-scapulaire du grand dentelé et des intercostaux externes, il devra trouver chez l'animal gras une énorme pelote de graisse englobant veines et artères. Cet amas fait défaut quand le bovidé est maigre.

D. — **Moelle.**

Le médecin militaire devra faire scier devant lui un os long, en son milieu, pour voir si l'animal « a la moelle ». Ce terme de boucherie signifie que la moelle d'un animal adulte sain et de première qualité est compacte, blanche ou jaune beurre frais, légèrement rosée. Elle est ferme, au point que l'ongle peut à peine l'entamer; onctueuse au toucher. Elle remplit en entier le canal intérieur de l'os.

Le médecin devra toutefois savoir que chez des animaux sains il pourra trouver la moelle des os longs des extrémités postérieures solide, blanc rose et celle des extrémités antérieures plus jaune, plus fluide et à consistance moelleuse.

Chez les bovidés usés, étiques, la moelle d'un os long est diffluente, à consistance de vaseline : il y a une véritable autophagie. D'autres fois, elle est molle et liquide, brune, souvent striée de filaments sanguins. Elle remplit imparfaitement le canal intérieur de l'os.

La viande des animaux qui « n'ont pas de moelle » ne doit pas être consommée.

E. — **Incision des veines.** — **Incision des reins.**

Le règlement du 25 juillet 1895, sur la gestion des ordinaires, dit que les ouvertures des veines doivent être exsangues et que la pression exercée sur leur trajet ne doit faire sortir ni sang, ni caillot : le tissu cellulaire qui les entoure doit être blanc, sans sugillations.

L'incision porte également sur l'axillaire, l'iliaque ou la saphène.

Les veines dans les viandes fiévreuses contiennent du sang coagulé ou non. Le médecin ne portera pas sans examen attentif ce dernier diagnostic, et d'après ce seul signe, car les veines peuvent contenir du sang, quand la saignée de l'animal a été mal faite.

L'incision des reins par l'inspecteur de la viande me paraît avoir une certaine importance. J'ai trouvé parfois les rognons divisés en de nombreux kystes, contenant des calculs de différentes grosseurs. La section de ces rognons laisse s'écouler de l'urine brune, épaisse et fétide. Ces tumeurs avaient échappé au sévère examen du vétérinaire inspecteur de l'abattoir, parce que les rognons étaient couverts de suif. La viande paraissait être de deuxième qualité.

J'ai refusé cette viande au grand mécontentement du fournisseur qui ne voulait enlever que les parties malades, car il m'a semblé que cette viande avait une odeur urineuse due à la mauvaise conformation du filtre rénal. J'ai encore été amené à ce refus en réfléchissant que, chez l'animal aussi bien que chez l'homme, les kystes du rein altèrent la santé de l'individu. De plus, pourquoi n'aurais-je pas pensé que le propriétaire de la bête l'avait vendue parce qu'il voyait décliner son état de santé ?

A l'examen des quartiers postérieurs, le médecin trouvera assez souvent de petites tumeurs situées sur le tibia. L'incision lui montrera un kyste contenant un magma épais plus ou moins purulent. Cette tumeur est en général due aux meurtrissures, aux coups de pied reçus soit à l'étable, soit en wagon. Le sang infiltré sous l'aponévrose s'est enkysté et a subi la fonte purulente.

Cette défectuosité ne peut entraîner le refus du quartier ; le boucher enlève l'abcès et les tissus voisins.

III. — CARACTÈRES EXIGÉS PAR L'ODORAT

L'odorat fournit des renseignements moins précis que
la vue et le toucher sur la qualité d'une viande. Néan-
moins, les éléments qu'il apporte à l'expertise, s'ajou-
tant à ceux plus nets, donnés par les deux autres sens,
forment un ensemble de caractères, propres à déjouer
les roueries des fournisseurs. La préparation des quartiers est faite avec tant d'habileté par les bouchers que
les vétérinaires inspecteurs eux-mêmes sont quelquefois
trompés.

C'est principalement sous l'épaule et à la face interne
de la cuisse que l'odeur de la viande sera sentie. Le
médecin fera une large incision, et en appréciera le
fumet aussitôt dans cette incision fraîche. L'odorat ne
lui apporterait aucun renseignement, si cette expertise
se faisait dans une section des muscles pratiquée depuis
un certain temps.

La viande du bœuf a une odeur fraîche, légèrement
aromatique.

Les bœufs « sucriers » ont une chair à odeur désa-
gréable, due aux pulpes de betteraves dont ils sont nourris. Leur viande s'altère facilement et ajoute ainsi à
l'odeur *sui generis* de ce bovidé celle de la putréfaction
au début.

La chair de la vache a une odeur fraîche : son arôme
est moins prononcé que chez le bœuf. Dans les régions
postérieures, à la face interne des cuisses, l'odeur rap-
pelle quelquefois celle du lait : elle ne disparaît pas
par la cuisson.

Villain, dans son traité sur la viande malade, dit que
« lorsque les vaches sont tuées dans les abattoirs de Paris,
on a soin d'inciser, aussitôt l'abatage, l'extrémité de
chaque trayon, de manière à faire sortir le lait dans

l'action du soufflage. On fait plus : on enlève les mamelles avant l'habillage, car on craint la pénétration du lait par imbibition, et partant l'odeur lactée répandue dans la viande.

» Lorsque les vaches des nourrisseurs ont encore beaucoup de lait et qu'elles restent sans être traites jusqu'à leur sacrifice; comme le fait se voit quelquefois sur les sujets entrés depuis plusieurs jours dans les transactions commerciales, il arrive qu'on peut alors sentir une légère odeur de lait dans les chairs, ou mieux une odeur aigre qui persiste après cuisson.

» Les bouchers des grandes villes connaissent, en général, tous ces inconvénients et se gardent bien de ne pas y remédier. Les viandes de boucherie sont travaillées, dans nos abattoirs, avec un soin extrême, nous dirons même avec luxe, afin d'écarter autant que possible tout ce qui est cause de dépréciations. »

La viande de taureau a une odeur fraîche, mais rappelant son origine. Elle devient spermatique quand cet animal a servi à la monte.

Veau.

Le veau de première qualité a une viande de couleur blanche ou rosée, résistante au toucher et d'autant plus tendre que l'animal est plus jeune. La coupe de cette chair est facile : le grain est délicat.

En général, il n'y a pas de graisse de couverture; la graisse intérieure autour des rognons est ferme, de couleur blanc rosé, onctueuse au toucher.

Le veau de première qualité est le veau de lait de six semaines, dont la chair est très appétissante, savoureuse.

Dans la deuxième qualité, il faut placer les animaux qui, sevrés de bonne heure, ont été alimentés de tourteaux, d'herbes, de farines. Ces veaux deviennent énormes; ils sont vendus à l'âge de 3 ou 4 mois : ce sont des taurillons. Leur chair a une coloration rouge assez prononcée; la graisse qui recouvre le rognon, tout en pouvant être abondante, a une couleur terne, grise.

Ce sont ces veaux qui sont livrés par les fournisseurs de la troupe.

Les veaux de troisième qualité sont les sujets trop jeunes à chair gélatineuse, flasque, à graisse grise peu abondante. La moelle des os longs est semi-liquide, sanguinolente : cette viande ne doit pas être consommée.

D'après le règlement du 29 juillet 1899 sur la gestion des ordinaires de la troupe, le veau doit avoir plus de six semaines.

La chair du veau âgé de moins de six semaines est consommée dans certaines villes (Saint-Quentin, Nice) où l'abatage est fixé à quatre semaines.

Dans certains pays (Suisse, Autriche, Wurtemberg), le sacrifice est autorisé quand le veau a de quatorze jours à quatre semaines.

L'examen du médecin militaire devra porter sur la grosseur de l'animal, sur la coloration de la chair.

Le règlement dit : « La viande n'a pas de couleur déterminée, celle-ci variant avec le mode de nourriture suivi. Les veaux nourris au lait et aux œufs ont une chair naturellement plus blanche. »

Cette description veut dire que les animaux exigés pour l'alimentation de la troupe devront être de première qualité.

Or, les sujets livrés par les fournisseurs sont-ils de cette qualité? Non, malgré les dénégations qu'ils multiplient à l'envi, à chaque expertise. Les veaux sacrifiés pour la troupe sont des animaux en transformation : ce sont des taurillons de 3 à 4 mois, très gros. Leur viande est rouge, ayant l'aspect de celle du bœuf; insipide au goût quand elle est rôtie.

Ces animaux ont été sevrés trop jeunes et nourris, par les éleveurs qui veulent bénéficier du lait de la vache, avec des herbes et des tourteaux.

Au marché de la Villette se vendent des veaux de 3 mois énormes, et qui rentrent dans la première qualité. Ces sujets ont été nourris journellement au lait et aux œufs; leur chair est un aliment de luxe.

Les fournisseurs qui prétendent donner à un régiment de telle viande mentent effrontément. Ils ne présentent au médecin que des similaires en grosseur, mais en qualité inférieure.

La qualité exigée par le cahier des charges n'est jamais donnée par le boucher. Je crois qu'on s'en rapprocherait en ordonnant au fournisseur que les veaux soient « des veaux de pays ». Sans doute ces sujets mangent de l'herbe; mais ils tettent encore leur mère, car le paysan enlève matin et soir par la traite une partie de lait, mais en laisse dans la mamelle pour la nourriture des jeunes élèves.

Porc.

La viande de porc est blanche ou rose plus ou moins foncé; elle est rouge au niveau des membres; sa consistance est molle; sa coupe est résistante; le grain est fin et serré.

La graisse de couverture, « lard », est épaisse, blanche, onctueuse au toucher : la graisse intérieure, « panne », est abondante, de couleur gris blanc; molle en général.

Le porc, en terme de boucherie, n'est pas seulement le goret mâle castré dans son enfance : la femelle castrée de ses ovaires porte aussi ce nom.

Les bouchers fournisseurs d'un régiment ne font aucune différence comme qualité dans la chair de ces animaux.

Il en existe cependant une, car la chair du mâle castré a toujours été supérieure en qualité à celle de la femelle castrée de même âge. Les charcutiers sembleraient le prouver à leur insu dans ce fait : qu'en général les porcs livrés à un régiment sont des femelles, tandis que ceux qu'ils vendent à leur étal sont des cochons castrés.

Bien plus, quand ils achètent un lot de porcs, le prix qu'ils en offrent au vendeur est supérieur quand il contient une plus grande proportion de mâles que de femelles.

Le verrat est le mâle ayant conservé les attributs de son sexe : la truie est la femelle servant à la reproduction. La viande du verrat et de la truie a une odeur spéciale.

Leur graisse de couverture est dure et épaisse, de couleur gris sale; la chair est de couleur brune, rouge foncé ou brun violacé. La viande de ces deux animaux, qui est immangeable, ne doit pas être distribuée à la troupe.

Le porc castré très jeune, engraissé avec des pommes de terre, des grains, du petit lait, du maïs, a, vers l'âge d'un an, une chair blanche, parfumée après cuisson, et de digestion facile : cette viande est nutritive, de première qualité.

Les animaux nourris avec des eaux grasses, des pommes de terre avariées, avec les résidus des casernes, ont une chair pâle, blafarde : le lard est gris, moins onctueux au toucher, moins ferme, donnant à la main une sensation spongieuse.

Expertise.— Le médecin militaire expertisant la viande de porc à la caserne devra d'abord reconnaître le sexe. Est-ce un porc, une truie ou un verrat?

A) Il reconnaîtra que le suidé qui lui est présenté n'est pas un verrat, en cherchant la cicatrice provenant de la castration; en exigeant que la verge soit toujours conservée : une truie, en examinant les mamelles.

Il se mettra en garde contre la grande habitude des charcutiers, de couper ras les mamelons pendants et difformes des femelles.

B) Est-ce un porc mâle ou femelle castrés? Le porc mâle porte la cicatrice de la castration des testicules.

La femelle castrée présente dans le flanc une petite cicatrice blanchâtre, consécutive à l'ablation des ovaires. Une incision perpendiculaire montre une cicatrice de couleur rose pâle, fibreuse, dure au toucher.

L'expert devra reconnaître les sexes des animaux pour pouvoir exiger que la fourniture comprenne un nombre égal de mâles et de femelles castrés. Les fournisseurs nous présentent, en général, plus de quartiers de porcs femelles que de porcs mâles.

L'examen de l'expert « portera ensuite sur la couleur de la viande ». A la section celle-ci sera rose pâle avec une légère infiltration graisseuse lui donnant un aspect marbré, chez le porc de première qualité.

La coloration sera pâle blafarde, d'apparence cachectique, chez le porc nourri avec des détritus plus ou moins fermentés.

Sur la coupe, le lard doit être d'une blancheur de neige, ferme au toucher, onctueux. Le lard mou, spongieux, est un indice de la qualité inférieure du porc.

La largeur du dos de cet animal abattu indique son degré d'engraissement. Le médecin militaire s'inquiétera peu de savoir si l'animal sera ladre, car il a été langueyé par le vétérinaire inspecteur de l'abattoir. De plus, la cuisson détruit les cysticerques vers 75°.

Avec les habitudes culinaires des soldats, la trichinose est peu à craindre, parce que les morceaux de porc frais ou salés qui sont distribués sont soumis à une longue ébullition.

Une fraude commune aux fournisseurs consiste à laisser adhérente au demi-porc la plus grande partie de la boîte cranienne. Le cahier des charges ne dit pas que les bajoues du porc peuvent être distribuées. Les soldats ne se nourrissent pas d'os, mais de viande; l'expert devra exiger que la section soit faite au niveau de la première vertèbre et que la tête soit ainsi enlevée. Il empiètera peu sur le rôle du capitaine de distribution qui doit surveiller les fraudes.

A mon arrivée au régiment, le charcutier cachait toujour sous l'amas des animaux présentés à mon expertise deux ou trois demi-têtes de porc qu'il aurait distribuées, si je ne les lui avais pas fait porter au poste de police et emporter à son départ du quartier.

Mouton.

Le mouton a la viande de couleur rouge vif, de consistance ferme : la coupe résistante, à grain fin et serré, n'est pas persillée. L'odeur de cette chair est fraîche et aromatique.

La graisse de couverture est de couleur blanc jaune, recouvre les épaules et le dos, s'étendant jusqu'à la queue, qui est en général grosse et grasse. Elle tranche avec la coloration des muscles peauciers qui sont d'un beau rouge chez les moutons de première qualité.

Les muscles de l'animal ne sont jamais infiltrés de graisse et l'on ne trouve jamais de persillé sur leur coupe.

La graisse intérieure ou suif s'amasse dans le bassin et autour des rognons qu'elle enveloppe : elle est lobulée, de couleur blanche, très dure au toucher.

Le mouton est le mâle castré vers l'âge de six mois.

La viande de mouton acquiert toutes les qualités chez un animal âgé d'un à deux ans, élevé dans de bons pâturages.

Cette chair est à celle de la brebis ou du bélier ce que la viande du bœuf castré dans son jeune âge est à celle de la vache ou du taureau. La chair du mâle castré dans toutes les espèces d'animaux est supérieure en qualité à celles de la femelle ou du mâle servant à la monte.

Expertise. — A chaque fourniture de moutons faite par le boucher, j'ai toujours remarqué que le nombre des femelles était de beaucoup supérieur à celui des mâles castrés. Sur douze moutons il y a en général neuf brebis.

Pourquoi cette différence ? Elle provient de ce que la brebis qui est sacrifiée est en général une bête, ou vieille et engraissée pour la vente parce qu'elle ne peut plus produire; ou jeune mais stérile.

La qualité de la viande de la brebis jeune et stérile ne s'écarte pas beaucoup du mouton; l'animal serait donc acceptable : mais ce ne sont pas des bêtes de cet âge qui sont livrées à un régiment. Ce sont de vieilles femelles aux membres grêles, secs; à l'échine, aux apophyses transverses, aux os du bassin saillants sous la peau. Une telle viande est bonne à enfouir, parce qu'elle n'a aucune qualité nutritive. Elle n'est même pas digne d'être vendue sur les étaux de basse boucherie.

Il importe donc au médecin de savoir reconnaître un mouton d'une brebis.

a) Au niveau du scrotum du premier, l'expert remarquera un amas de graisse lobulée, frisée. Un coup de couteau mettra à nu les « marrons » ou testicules atrophiés; la verge est toujours présente.

La graisse de la région inguinale de la brebis n'est pas un amas lobulé : elle est lisse et la section fait voir au milieu d'elle le tissu glandulaire des mamelles.

L'expert tiendra compte de la saillie des apophyses épineuses et des os du bassin sous la peau, dans le cas où la région inguinale, nécessaire pour reconnaître les signes énumérés plus haut, serait enlevée.

b) Le médecin militaire distinguera facilement le bélier du mouton. Le mâle qui sert à la reproduction a les muscles superficiels saillants; son encolure est énorme; les gigots sont gros, ronds, trop musclés. La viande a une odeur forte, *sui generis*.

Je tiens à signaler la fraude d'un boucher qui m'a trompé, ainsi qu'un vétérinaire inspecteur d'abattoir.

Cinq « soit-disant » moutons sont présentés à mon examen. Le cou était gros, les épaules, les gigots étaient trop développés. Ces animaux étaient gras, bien en chair; l'odeur ne paraissait ni trop forte ni puante.

Le fournisseur me vantait tellement ses moutons « anglais » qu'ils furent timbrés par moi et distribués à différentes compagnies à 9 heures du matin. A ma contre-visite, vers 4 heures du soir, j'entrai dans la cuisine voisine de l'infirmerie. Mon odorat y fut frappé par l'odeur infecte que dégageait à grande distance le rôti. La fraude du fournisseur me vint aussitôt à l'esprit : mon opinion fut corroborée par l'avis du vétérinaire inspecteur qui avoua avoir été lui-même trompé. Les moutons « anglais » n'étaient que de simples béliers, encore jeunes, castrés pour la vente quelques mois auparavant.

c) L'expert doit savoir distinguer la chèvre dépecée du mouton.

La viande de cet animal est de couleur rouge noir, de consistance ferme, presque coriace. La coupe est résistante, à grain moins fin et serré que celui de la chair du mouton; l'odeur est musquée.

En général, la graisse de couverture manque chez la

chèvre : la graisse intérieure agglomérée autour des reins est d'un blanc jaunâtre.

Le panicule charnu, les muscles sont d'une coloration rouge intense.

De plus, la conformation du mouton est différente de celle de la chèvre. Celle-ci a les membres postérieurs plus longs; le gigot plus droit, moins rebondi que celui du mouton.

Le cou est long, grêle. Les vertèbres dorsales ont des apophyses épineuses, longues, saillantes sous la peau.

Le thorax est aplati : la poitrine est plus haute que celle du mouton.

En général, la chèvre mise en vente est émaciée, maigre, sans graisse de couverture.

La fraude sera évitée, en exigeant du boucher que l'extrémité de la queue du mouton ne soit pas dépouillée.

d) Le médecin, ayant reconnu que l'animal présenté à son examen est un mouton castré, devra en rechercher la qualité.

Il basera son opinion sur l'abondance de la graisse externe et interne, sur la coloration rouge vif du panicule charnu, remarquable par les zébrures.

En achetant un mouton, le boucher tâte de sa main ouverte les reins de l'animal : il en sent la largeur et se rend ainsi compte de son poids. De même, le médecin devra examiner la largeur et l'épaisseur des lombes de la bête sacrifiée.

En résumé, un mouton de 2 à 3 ans à graisse abondante, à paniculé charnu très coloré, aux lombes larges, au gigot court, rebondi, est de première qualité. Il faut refuser les moutons africains, à queue courte, large, très grasse. Leur chair ne possède pas les qualités de sapidité du mouton élevé dans les pâturages français, et sent le suif.

L'expert rejettera aussi, comme de qualité inférieure, les moutons à panicule charnu peu coloré, pâle, ne formant pas de zébrures d'un rouge vif sur le dos de l'animal. Les gigots et les épaules sont amaigris, plats; la viande n'a pas la coloration rouge intense du mouton en bonne santé.

Dans la cachexie aqueuse au premier degré, le toucher donne une sensation d'humidité et de froid : la viande, la graisse, sont encore assez fermes.

A un degré plus avancé de la maladie, le tissu cellulaire est imbibé d'eau; la chair, la graisse semblent se fluidifier. Une telle viande est à rejeter de la consommation.

IV

Viandes de qualités secondaires.

(Formulaire pharmaceutique du service de santé.)

Selon que les caractères assignés plus haut à la bonne
viande sont plus ou moins accentués, on établit en boucherie les première, deuxième et troisième catégories
des viandes de bœuf, vache, taureau et taurassin.

Viennent ensuite les viandes de qualité secondaire,
non classées, trop souvent substituées aux précédentes
dans les grandes fournitures.

Ces viandes se reconnaissent à l'absence ou à la ra-
reté de la graisse sur les deux surfaces de l'animal.
La chair musculaire apparaît avec une teinte plus ou
moins vive à travers les séreuses ou les aponévroses
d'enveloppe. Elle est plus ou moins ferme ou élastique
sous le doigt; son grain, quelquefois marbré dans certains morceaux, est généralement trop distinct, parce
qu'elle est pauvre en sucs; son odeur n'a rien de particulier. La moelle remplit imparfaitement le canal des
os longs.

Viande d'animaux surmenés.

Chez les animaux épuisés par des marches longues
et forcées, un travail excessif, la couleur de la viande
est plus vive; celle-ci exhale une odeur forte et montante; les séreuses sont souvent injectées de sang. On
trouve souvent des épanchements sanguins dans les gran-

des articulations, dans l'articulation coxo-fémorale en particulier; et les muscles qu'avoisinent ces parties manifestent spécialement l'odeur précitée.

Viande d'animaux atteints d'indigestion, de météorisme.

Cette viande est colorée, ferme, d'une odeur acétique ou alcoolique se rapprochant beaucoup de celle que communiquent la drêche, les résidus de distillerie, les tourteaux utilisés pour l'engraissement du bétail. Cette odeur *sui generis* est une cause de rejet.

Viande étique et non classée.

Quand une viande pâle ne porte de graisse ni dans les épiploons, ni dans les interstices musculaires, ni le long des apophyses épineuses, après la séparation médiane du rachis, on dit qu'elle est étique, qu'elle n'a pas ses droits en boucherie.

Il va sans dire qu'elle ne saurait être admise en aucun cas.

Viande insalubre.

Les viandes sont réputées insalubres et rejetées de l'alimentation quand elles proviennent d'animaux malades. Ces viandes coupées transversalement reflètent plusieurs nuances, laissent suinter ou écouler leur sérum, sont molles à la main et n'ont pas de grain distinct, mais elles ont plutôt une apparence pulpeuse.

Viande provenant de bétail atteint de phtisie.

L'examen de ces viandes a acquis une importance nouvelle, depuis les recherches récentes sur la transmission de la tuberculose. Ces viandes sont fermes, plus ou moins pâles. La graisse jaunâtre et ferme est agglomérée en petites masses dans les mailles du tissu cellulaire devenu friable, et après la fente du rachis, en petits filons, le long des apophyses épineuses. Quand l'animal est tout à fait étique, on n'en rencontre même plus dans cette dernière région.

Viande provenant du bétail affecté de maladies ayant pour principe les altérations des liquides et en particulier du sang.

Elles sont humides, décolorées. La graisse est peu ferme, jaunâtre, renfermée dans un tissu cellulaire infiltré. La saison, les variations atmosphériques, l'état de sécheresse ou d'humidité de l'air, le froid, influent considérablement sur les caractères physiques de cette viande.

Viande provenant du bétail affecté de maladies typhoïdes ou charbonneuses.

Pour peu que l'odorat perçoive une odeur montante, plus ou moins ammoniacale, et que l'œil saisisse, dans la trame ou les interstices des muscles, quelques taches noirâtres diffuses, on peut, sans crainte de se tromper, affirmer que la viande provient d'un animal abattu sous le coup d'une affection typhoïde ou charbonneuse plus ou moins avancée.

Cette viande est particulièrement insalubre. Le typhus seul donne à la viande une couleur acajou foncé.

DE LA TUBERCULOSE.

D'après le règlement du 29 juillet 1899 sur la gestion des ordinaires de la troupe (page 57) « il peut exister dans les poumons ou le foie certaines lésions qui, quoique présentant une réelle importance, n'ont pas eu pour effet d'altérer la viande ; celle-ci par suite ne sera pas rejetée.

» La présence de quelques tubercules dans les poumons, de séquestres plus ou moins volumineux, ne doit pas être une cause absolue du rejet de la viande. »

Les viandes provenant d'animaux tuberculeux ne sont expressément exclues de la consommation que dans les cas suivants :

1° Si les lésions sont généralisées, c'est-à-dire non localisées dans les organes viscéraux et leurs ganglions lymphatiques;

2° Si les lésions, bien que localisées, ont envahi la plus grande partie d'un viscère ou se traduisent par une éruption sur les parois de la poitrine ou de la cavité abdominale.

Toutefois, on devra se montrer extrêmement prudent avant d'accepter comme propre à la consommation la viande provenant d'un animal tuberculeux à un degré moins avancé (page 58).

A mon avis la viande tuberculeuse devrait être absolument rejetée de la consommation de la troupe, bien qu'elle fût de belle apparence et venant d'un animal très frais.

Le Congrès de la tuberculose (1888) a voté qu'il y avait lieu de poursuivre par tous les moyens possibles, y compris l'indemnisation des intéressés, l'application générale des principes de la saisie et de la destruction totale pour toutes les viandes provenant d'animaux tuberculeux, quelle que soit la gravité des lésions spécifiques trouvées sur ces animaux.

Une réaction s'est produite en faveur de la consommation des viandes tuberculeuses.

Pour certains hygiénistes, la tuberculose généralisée ou localisée doit entraîner la saisie et la destruction d'une viande d'un animal maigre. Si la bête est grasse, de première qualité apparemment, les organes tuberculeux doivent être seuls enlevés et le reste de l'animal peut être livré à la consommation.

Ces principes reposent sur plusieurs observations telles que celles-ci :

a) La tuberculose peut se rencontrer chez des sujets très gras, ayant l'apparence d'une excellente santé. Des bœufs primés dans les concours d'animaux gras ont été reconnus tuberculeux après abatage. Cette viande n'est pas seulement l'apanage des animaux usés, maigres;

b) Les tubercules ne se trouvent pas dans le tissu musculaire. Le suc musculaire jouit de la propriété de détruire les bacilles tuberculeux (Macé);

c) Le bacille de Koch a peu de chance de se développer par la voie digestive, parce qu'il y est soumis aux sucs de l'estomac. Les tuberculeux qui déglutissent une partie de leurs crachats n'ont pas fatalement une tuberculose intestinale. Enfin ce bacille doit être déjà tué par la cuisson, prolongée à 100°, de la viande destinée à faire la soupe du soldat; la température de 75° le détruit en général. A ces observations on peut répondre par les suivantes :

La tuberculose des bovidés est la même que celle de l'homme.

Les expériences tendant à prouver qu'elle ne se transmet pas par la voie digestive sont fausses en partie. Chauveau a rendu tuberculeux des animaux en leur faisant ingérer de la viande tuberculeuse en assez grande quantité; et le suc gastrique, d'après Strauss et Wurk, ne détruit pas la vitalité du bacille de Koch en six heures.

Hocard a démontré qu'il était difficile de rendre tuberculeux des animaux en leur injectant dans le tissu

conjonctif le suc musculaire d'un bovidé tuberculeux.
Ces résultats peuvent-ils annuler ceux obtenus par l'in-
gestion ?

Actuellement on prend l'habitude de manger la viande
très peu cuite, saignante (bifteack, entrecôte). Le bacille tuberculeux, s'il existe, est-il détruit ? J'en doute,
car certainement l'intérieur de la chair n'a pas été élevé
à une température de 75°. A Paris, un bifteack est un
morceau de viande bien épais, mis sur le gril pendant
quelques instants; une tige de fer rouge appliquée à sa
superficie lui donne un bel aspect rissolé. L'intérieur de
la chair est à peine tiède.

Enfin, les soldats ne doivent pas être exposés à des
expériences. Du moment qu'il y a doute, toute bête phti-
sique, toute viande où l'on aperçoit des altérations du
poumon et des germes de tubercules, doit être repoussée.
Les hommes doivent manger de belle et bonne viande.

Où commence la saisie partielle de viandes tuberculeuses? Où finit-elle? Pour tels vétérinaires, les lésions
paraîtront localisées et la viande sera consommée : pour
d'autres, la tuberculose semblera en voie de générali-
sation, et la saisie sera prononcée. La possibilité de la
contamination par la voie digestive est certaine et le
médecin doit refuser toute viande tuberculeuse.

Le médecin militaire et l'officier d'approvisionnement
d'un régiment doivent connaître les organes de prédi-
lection de la tuberculose.

En premier lieu, viennent les poumons. Ceux-ci présentent des amas de tubercules agglomérés, volumineux,
mamelonnés, qui ont fait donner cette maladie, chez
les bovidés, le nom de *pommelière*. Ces masses tuberculeuses s'infiltrent de sels calcaires, criant sous le couteau; elles présentent à la coupe un aspect blanc jaunâtre, couleur mastic.

Suivant leur âge, ces amas sont durs au toucher ou

ramollis. Peu à peu la nodosité ferme devient molle, donnant une sensation de fluctuation interne au toucher. Au moment de la fonte purulente, l'incision en laisse s'échapper un magma jaune, épais, caséeux.

A côté de ces tubercules on peut en trouver d'autres plus petits, enkystés, crétifiés. Comme chez l'homme, ils représentent la tuberculose latente, quelquefois guérie.

Cette maladie détermine l'adénopathie des ganglions bronchiques et œsophagiens. Ces organes lymphatiques se présentent sous forme de masses indurées, renfermant des nodosités jaunâtres. Tantôt ces ganglions hypertrophiés présentent à la coupe une surface dure, rugueuse, tantôt ils offrent à la vue un tissu ramolli, caséeux, purulent.

Sur les séreuses (plèvres, péritoine) les tubercules forment « de petites tumeurs arrondies ou aplaties, fermes, denses, blanchâtres, luisantes à la surface avec reflet nacré, parfois disséminées à la surface de la séreuse, plus souvent agglomérées en forme de grappes, de choux-fleurs ou de polypes, qui peuvent acquérir un volume considérable ». (NOCARD, *les Tuberculoses animales*). Les tubercules seront surtout recherchés sur la partie charnue du diaphragme.

Ils se trouvent rarement dans les tissus musculaire et cellulaire. Le suc musculaire et cellulaire, d'après Macé, a la propriété de détruire les bacilles tuberculeux.

D'autres organes sont propres au développement de la tuberculose. Le foie devient volumineux, piqueté, grisâtre : la mamelle se sclérose, puis se ramollit pendant la fonte purulente des nodules tuberculeux devenus de plus en plus volumineux.

Sur cent cas de tuberculose observés chez les bovidés, quarante environ portent à la fois sur le poumon et sur la plèvre : vingt à vingt-cinq sur le poumon seul; quinze à vingt sur les séreuses seules (plèvre et péritoine) :

dans les autres cas, il s'agit de tuberculose aiguë généralisée ou de lésions localisées aux ganglions lymphatiques, au tissu osseux (Nocard).

Chez les bovidés, la tuberculose est surtout constatée dans l'âge adulte. Elle est rare chez les veaux, dont elle envahit principalement les ganglions et les articulations. Dans certains abattoirs, l'inspection de ces animaux n'a pas lieu. Villain dit « qu'à l'abattoir de Moscou on n'inspecte pas les veaux ni les moutons. Le bœuf et le porc sont seuls soumis à la visite sanitaire. Dans ce pays la tuberculose n'entraîne la saisie totale que si elle siège sur deux ou trois organes. Si elle est limitée à un seul et à un faible degré, cet organe seul est saisi et la viande est livrée à la consommation ». (*Viandes malades.*)

Le veau né d'une vache tuberculeuse est-il forcément tuberculeux ? Non, il est seulement tuberculisable. Il le devient par contagion et non par hérédité.

Le lait de la vache atteint de tuberculose peut-il être virulent pour lui ? On admet que ce lait ne peut être dangereux que lorsque les trayons sont porteurs de lésions tuberculeuses avancées. D'autre part, la mamelle peut être souillée par la litière imprégnée de déjections contenant de nombreux bacilles de Koch.

La tuberculose est fréquente chez les porcelets : elle est exceptionnelle chez les porcs adultes.

Lorsque ces derniers en sont atteints, les lésions sont énormes. Tous les organes, même les muscles, sont envahis par les tubercules.

Cette maladie est rare chez le mouton, le cheval : la chèvre est presque réfractaire.

V

Rôle du médecin militaire auprès de la commission des ordinaires.

Le médecin-major de 1re classe, chef de service, fait partie de la commission des ordinaires avec voix consultative. Il fait savoir aux officiers composant cette commission les modifications qui seraient à apporter au cahier des charges : il leur fait comprendre les roueries qu'emploient les fournisseurs dans leurs livraisons.

Les connaissances du médecin dans l'expertise de la viande, la vue des supercheries journalières des bouchers aideront cette commission dans la confection d'un cahier des charges où toutes les demandes seront strictes, nettes et telles que le fournisseur ne pourra ni les éluder ni les tourner.

En venant à l'adjudication, ce dernier n'a qu'un désir : avoir la fourniture en viande d'un régiment au plus bas prix possible. Il pense pouvoir livrer ensuite une viande ne remplissant aucunement les exigences du cahier des charges. Ce cas s'est produit au 109° régiment d'infanterie il y a quelques années.

Un boucher ayant pris connaissance du cahier des charges, soumissionna un prix tellement modique, qu'il fut déclaré adjudicataire. La première semaine, les livraisons étaient superbes, puis bientôt apparurent de vieilles vaches, usées, sans graisse, ni apparente ni cachée. Trois semaines après, ce fournisseur demandait à se retirer; n'ayant jamais rempli les conditions du cahier des charges; ayant vu ses bêtes refusées par le médecin au minimum trois fois par semaine.

Tout en se rapprochant le plus possible du règlement du 29 juillet 1899 sur la gestion des ordinaires, le chef de bataillon, président, peut introduire dans le cahier des charges des clauses qui ne peuvent exercer aucune influence sur le prix de la viande demandé par les fournisseurs et qui cependant préservent les droits du soldat.

Le médecin doit faire comprendre aux officiers qui l'entourent que la viande de qualité inférieure est plus chère que celle de première qualité, parce que, sous un gros volume, elle contient moins d'éléments nutritifs. Il est donc préférable d'acheter les morceaux de troisième catégorie d'une viande de première qualité que ceux de première catégorie d'une viande de troisième qualité.

D'après Villain « la viande grasse ne contient que 30 à 40 p. 100 d'eau, tandis que la maigre en contient 60 p. 100, c'est-à-dire un tiers en moins de principes nutritifs ».

D'après une analyse faite à la station agricole de Schleend (Bohême), empruntée par Baillet, la comparaison est facile (Arnoult, *Hygiène*) :

	Bœuf gras.	Bœuf maigre.
Eau	390	597
Chair musculaire	356	308
Graisse	239	81
Matières extractives	15	14

Le médecin militaire fera ressortir ainsi que la viande de qualité inférieure est insipide, indigeste, et présente des pertes de substance que ne peuvent attaquer les sucs de l'estomac.

Partant de ce principe, il fera élever le rendement de la viande de 46 à 50 p. 100.

Le rendement 46 p. 100 est un minimum facilement donné par la viande de qualité inférieure.

Au 109ᵉ régiment d'infanterie, où, je puis le dire, le soldat consomme de belle et bonne viande, le rendement n'est jamais inférieur à 50 p. 100 et atteint parfois 52, 53 p. 100.

Le médecin militaire, recevant la viande journellement, a pu constater que, s'il n'en fait l'observation au fournisseur, celui-ci livre toujours des quartiers de vache.

De temps à autre, quand il apporte une vache étique, digne d'être enfouie, il masque ces quartiers par ceux d'un bœuf assez gras. Si les quartiers de vieilles vaches sont démasqués, le boucher s'insurge, prenant à témoin le cahier des charges l'autorisant à livrer une bête âgée de 10 ans.

Que peut faire le médecin contre cette assertion ? Il peut reconnaître, d'après certains caractères que j'ai indiqués, si l'animal est vieux. Il ne pourrait parler sûrement de l'âge que s'il avait en sa présence la mâchoire inférieure et les cornes.

Il est donc de toute nécessité que le médecin obtienne de la commission des ordinaires l'inscription au cahier des charges des clauses suivantes :

« Les viandes de bœuf et de vache seront fournies par moitié. »

« Le boucher laissera adhérente au collier une moitié de la mâchoire inférieure de l'animal. »

Cette dernière condition paraîtra exigeante au fournisseur, qui ne pourra plus livrer de « viande à soldat ». Il contournera facilement la difficulté en déclarant que la tête du bovidé revient à l'équarrisseur après l'abat.

A cela je répondrai que la tête n'est pas vendue par l'équarrisseur pour la viande qui y est adhérente, puisque les bajoues sont livrées au régiment, mais elle est vendue comme os. Le boucher pourrait donc emporter le maxillaire qui a servi à l'expertise, après la distribution de la viande aux compagnies.

La seule raison réside en son mauvais vouloir à faire constater l'âge des animaux, et c'est ainsi que je ne puis savoir l'âge exact des vaches étiques présentées à mon examen et que les hommes mangent de temps à autre, ce qu'on appelle en terme populaire, de la « vache enragée ».

D'après le règlement « le fournisseur peut être autorisé à prélever à son profit le filet, l'aloyau, la langue, les rognons, si cette condition est stipulée au cahier des charges ». J'ai été témoin plusieurs fois de cet enlèvement du filet ou de l'aloyau. Je croyais, en bonne foi, que le boucher, prélevant le filet, ferait disparaître de la distribution les os sur lesquels repose ce muscle. Je me trompais étrangement. Les os décharnés étaient distribués comme s'ils étaient recouverts de leur chair, et faisaient poids dans la balance. Les hommes des compagnies ainsi servis ont certainement trouvé ces jours-là que leur portion de viande était bien petite. Ont-ils eu de bonne soupe? Non, car ces os ne sont pas des os longs et ne contiennent pas de moelle. Ils ont donc souffert en mangeant une soupe insipide, et une portion de viande petite.

Le boucher enlève le plus souvent possible le filet, pace qu'il trouve à le vendre à ses confrères à un prix plus rémunérateur que le prix fixé à l'adjudication. Jamais il n'oubliera d'apporter à la caserne les bajoues et le collier, bas morceaux. J'ai même quelquefois trouvé plus de bajoues que n'en comportait le nombre d'animaux livrés. Le fournisseur s'est évertué à me prouver ce jour-là qu'il avait oublié d'apporter la veille les bajoues que je trouvais en supplément. Je les ai refusées d'abord parce qu'elles pouvaient être corrompues d'un jour à l'autre et surtout parce que je craignais qu'un collègue ne l'eût prié de lui vendre ces bas morceaux dont la vente est difficile.

Je crois donc que le devoir du médecin militaire est de convaincre les officiers de la commission des ordinaires que tout prélèvement doit être défendu.

M. le commandant Thiébaut, dans son *Guide pratique de l'alimentation variée des corps de troupe*, dit que les bouchers « n'abattent généralement que des animaux de 350 à 400 livres, dont le rendement en viande est insuffisant, ou des bêtes d'un bon poids, mais maigres, chez lesquelles la charpente osseuse forme la plus grande partie de l'animal.

» Le moyen de se garantir de ces supercheries, c'est d'exiger, dans les marchés, une limite maximum pour le poids des quartiers.

» Ces poids doivent être respectivement :

	Bœuf.	Vache.
Par quartier de devant...	75 kilog.	60 kilog.
— de derrière..	55 —	50 —
Pour l'animal entier......	260 kilog.	220 kilog.

» On a ainsi des bêtes demi-grasses, bien en chair, dites viandes de deuxième qualité, permettant une grande variété de préparations culinaires et principalement de faire souvent des rôtis par une répartition intelligente de toutes les parties entre les diverses compagnies, suivant les menus.

» Avec des bêtes de ce poids, on peut exiger, sans augmentation de prix, que les filets et aloyaux ne soient pas enlevés. »

Le médecin devra demander de même l'interdiction du soufflage des bêtes livrées à la consommation, non seulement à cause de l'introduction dans le tissu cellulaire d'air, véhicule de germes septiques, mais parce qu'il cache l'éticité des animaux abattus. Sans doute, le dépouillement est plus facile; la viande a une plus grande apparence de fraîcheur, mais on donne aussi à de vieilles brebis, à des vaches étiques, un gras, une beauté éphémères, disparaissant à l'incision du tissu cellulaire tendu à l'excès.

Le médecin fera exiger par la commission des ordinaires que la partie charnue du diaphragme soit adhérente aux côtes; que les plèvres ne soient ni essuyées ni grattées. Il pourra ainsi se rendre compte des traces de tuberculose qui peuvent exister. La tuberculose localisée n'entraîne pas la saisie totale de l'animal sacrifié. Il devra, s'il aperçoit sur la partie charnue du diaphragme des tubercules non douteux, provoquer la réunion de la commission des ordinaires, qu'il convaincra facilement du refus nécessaire de la viande livrée.

Il devra de même demander à la commission des ordinaires que les veaux livrés ne soient pas des taurillons de quatre mois. Ces bêtes sont en état de transformation; leur chair est insipide, coriace, et ne ressemble ni à celle du veau ni à celle du bœuf. Il expliquera aux membres de la commission des ordinaires qu'à Paris on vend d'énormes veaux nourris au lait, au son, aux œufs : que leur viande est une chair de luxe, très chère, et que, par conséquent, les fournisseurs ne peuvent livrer de tels animaux. Il s'ensuit que ces veaux énormes qu'ils nous livrent sont souvent des taurillons, ayant été élevés au pâturage, n'ayant jamais bu de lait. Les veaux âgés de six semaines ou deux mois tettent encore le peu de lait que l'éleveur laisse dans la mamelle de la mère. Ils mangent peu d'herbe. Leur chair est tendre, appétissante. C'est là véritablement l'alimentation variée.

Le charcutier présente en général plus de porcs femelles castrées que de mâles castrés, parce que les premières sont moins chers que les autres, et que leur qualité est inférieure. Il gardera pour son étal le porc mâle. La commission des ordinaires exigera, sur la demande du médecin militaire, qu'une livraison comprenne au minimum autant de viande de l'un que de l'autre. Il va sans dire que la truie est exclue du marché et qu'elle n'entre dans une livraison que par supercherie. De même, le nombre des brebis ne devra pas surpasser celui des moutons castrés, et encore faudra-il qu'elles soient jeunes, grasses, et non décharnées, étiques. La brebis a non seulement une valeur pécuniaire moins grande que le mouton, mais, à âge égal, la qualité de la viande est inférieure à celle du mâle castré dans sa jeunesse.

La ration journalière de viande crue d'un soldat, en temps de paix, est de 300 grammes de viande non désossée et ne représente plus que 150 grammes après la cuisson et l'enlèvement des os, des tendons, etc. Si les 75 grammes de viande cuite qui constituent le repas d'un homme ne sont pas de bonne qualité, comment veut-on que ses différents organes non seulement fonctionnent bien, mais se développent et résistent à la fatigue?

M. le médecin principal de 1re classe Viry dit dans ses *Principes d'hygiène militaire* : « Le plus grand nombre des hommes appelés à servir dans l'armée active n'ont pas encore atteint leur complet développement; de telle sorte que l'alimentation doit être suffisante pour assurer non seulement l'entretien des organes, mais encore leur croissance; l'alimentation est tenue en outre de fournir des matériaux de réparation proportionnés aux déchets causés par un travail d'autant plus intense que la période d'instruction est désormais plus courte; enfin, il est nécessaire que l'alimentation procure au soldat les éléments de vigueur indispensables pour le mettre à même de résister aux influences morbides qui l'entourent. C'est de la façon dont ils seront nourris que résultera en grande partie, pour les jeunes gens valides du pays, la possibilité de traverser, sans déchéance organique, l'épreuve de passage sous les drapeaux et de rentrer dans leurs foyers, non pas affaiblis, mais fortifiés, au moment où ils seront à la veille de devenir des chefs de famille. »

Vauban s'exprime ainsi : « L'art de la guerre n'est rien sans l'art de subsister ». En appliquant cette maxime, tout officier, tout médecin militaire verra les soldats bien faire leur service en temps de paix, résister aux fatigues des combats et aller à la victoire en temps de guerre.

FIN

TABLE DES MATIÈRES

Paris et Limoges. — Imp. milit. Henri CHARLES-LAVAUZELLE.